OBSERVATIONS MÉTÉOROLOGIQUES

FAITES A METZ, EN 1867

OBSERVATIONS
MÉTÉOROLOGIQUES

FAITES A METZ, EN 1867

PAR M. BAUR

MEMBRE DE L'ACADÉMIE IMPÉRIALE DE METZ
MAÎTRE DE DESSIN ET CHEF DE BUREAU DES DESSINATEURS A L'ÉCOLE
IMPÉRIALE D'APPLICATION DE L'ARTILLERIE ET DU GÉNIE

SIXIÈME ANNÉE DE LA NOUVELLE SÉRIE

(Extrait des Mémoires de l'Académie impériale de Metz, année 1867-68)

METZ

F. BLANC, IMPRIMEUR DE L'ACADÉMIE IMPÉRIALE

—

1868
1869

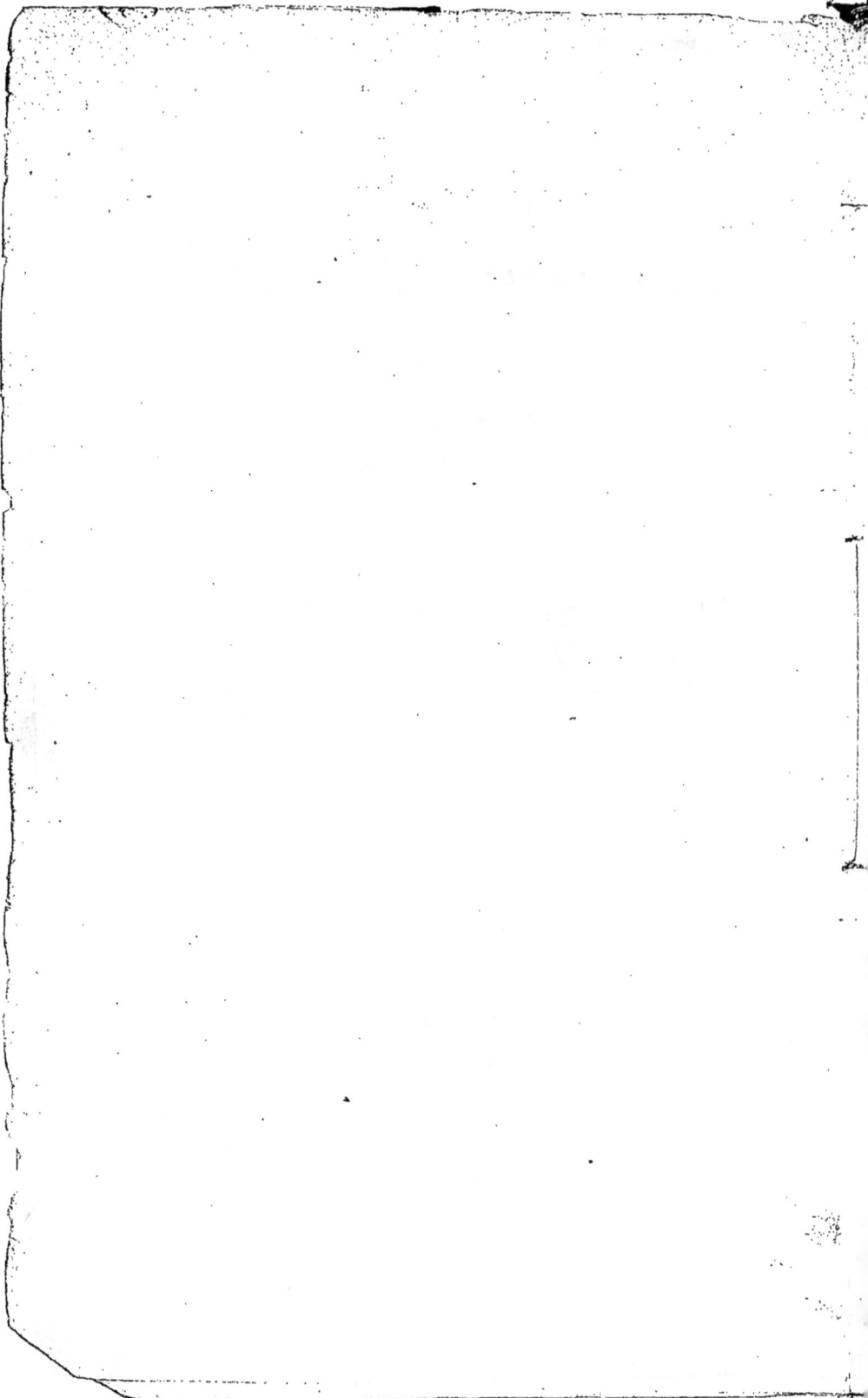

OBSERVATIONS MÉTÉOROLOGIQUES

FAITES A METZ, EN 1867,

PAR M. BAUR,

MAÎTRE DE DESSIN ET CHEF DE BUREAU DES DESSINATEURS A L'ÉCOLE
IMPÉRIALE D'APPLICATION DE L'ARTILLERIE ET DU GÉNIE.

SIXIÈME ANNÉE DE LA NOUVELLE SÉRIE.

Nature et position des instruments.

BAROMÈTRE.

Position géographique de sa cuvette.		
	Latitude.........................	48° 07' 07"
	Longitude, à l'est de Paris.........	5° 50' 11"
	Altitude, d'après le nivellement Bourdaloue......................	195m,75

Ce baromètre est de Fortin; le diamètre intérieur de son tube est de 11mm,7. Après correction pour la température, il donne les hauteurs absolues. Il est placé dans un bureau chauffé, au troisième étage. Son altitude est de 12m,64 plus forte que pour les observations antérieures à 1862. Il faut donc diminuer celles-ci de 1mm,18 pour les rendre comparables à celles de la nouvelle série.

THERMOMÈTRE.

Les thermométrographes sont fixés sur une lame de glace, à 7 mètres au-dessus du sol. Dans aucune saison les rayons du soleil n'atteignent, ni eux, ni le mur au-dessous d'eux. Une lame de verre les abrite de la pluie. Le thermomètre à maxima sert encore pour les observations journalières.

UDOMÈTRES.

On observe deux udomètres: l'un, de 0m,20 de diamètre, est placé au centre de la cour du cloître, à 5 mètres au-dessus du sol et à l'altitude 185m,54; l'autre, de 0m,60 de diamètre, est placé au sommet d'un toit pyramidal, à l'altitude 206m,15. Celui-ci distribue les pluies dans quatre jauges correspondant aux vents pluvieux nord-ouest, nord-est, sud-est et sud-ouest. Les observations du premier sont seules imprimées en détail, mais la direction du vent pluvieux est déduite des observations du second [1], et le résumé donne la quantité totale de pluie recueillie, dans celui-ci, par les quatre aires du vent.

Il faut diminuer de $\frac{1}{15}$ les observations antérieures à 1862 pour les rendre comparables à celles de l'udomètre de la cour.

TENUE DES REGISTRES.

Les registres manuscrits donnent, pour les observations de dix heures et de quatre heures, tous les détails qui sont imprimés pour celles de midi. Les thermométrographes sont observés chaque jour à midi. On attribue invariablement le minimum au jour de l'observation et le maximum à la veille. Quand on peut constater que les véritables extrêmes d'un jour civil diffèrent de ceux qui lui sont attribués par cette règle, on indique, par un chiffre de renvoi, le véritable extrême au bas de la colonne des phénomènes journaliers. C'est aussi à midi qu'on observe les udomètres; la quantité de pluie mesurée est inscrite au jour de l'observation.

RÉSUMÉ.

Pour obtenir les *pluies par régions*, du résumé intitulé vents et hydrométéores, on a porté par parties égales, sur chacune des régions adjacentes, les pluies recueillies par les vents nord, sud, est, ouest. On ne doit donc tirer aucune conclusion de la comparaison des sommes annuelles des quatre colonnes, avec les nombres intitulés *pluies sur le toit*, nombres qui donnent réellement, *pour chacune des régions, les quantités d'eau recueillies à l'udomètre du toit.*

TABLEAU SYNOPTIQUE DES OBSERVATIONS.

Dans ce tableau, les centres des cercles qui représentent les phases de la lune occupent des places correspondant aux heures de ces phases. Ces heures sont inscrites au-dessous, en temps moyen astronomique commençant à midi. Les désignations A et P, pour l'apogée et le périgée, sont placées aux dates de ces phénomènes. Enfin, les hauteurs des grandes marées sont données, d'après la connaissance du temps, et placées un jour et demi après chaque syzygie.

[1] On marque, pour le vent pluvieux, la direction sud quand le rapport des pluies tombées dans les régions sud-est et sud-ouest est plus grand que 0,4; et de même pour les directions ouest, est, nord.

Notations adoptées dans le registre.

CONFIGURATION DES NUAGES.

Les chiffres 1 et 3, placés après les notations, indiquent que les nuages sont petits ou très-grands.

Cr....	Cirrus.........	Nuages en filaments déliés.
Cm...	Cumulus.......	Nuages en forme de balle de coton.
St....	Stratus........	Couche étendue, continue, horizontale.
Cr Cm.	Cirro-Cumulus..	Ciel pommelé, petites balles serrées.
Cr St..	Cirro-Stratus...	Pommelures en couches horizontales.
Cm St.	Cumulo-Stratus.	Réunion d'un grand nombre de cumulus passant à la teinte grisâtre et uniforme des *nimbus* ou nuages à pluie.

NOTA. La première indication est celle des nuages qui dominent.

NÉBULOSITÉ.

Les chiffres placés dans cette colonne expriment le nombre de dixièmes du ciel qui sont couverts par les nuages ou la brume.

VENTS.

Leur direction est suivie d'un chiffre qui exprime la force : 1, vent faible ; 2, vent ordinaire ; 3, vent fort ; 4, bourrasques.

PHÉNOMÈNES.

Pour plusieurs d'entre eux, les chiffres 1 et 3 indiquent leur intensité.

S	Serein, ciel sans nuages.	R	Rosée.
V	Ciel voilé.	G bl.	Gelée blanche.
V1, V3	— légèrement ou fortement.	Gv	Givre.
C	Ciel couvert.	Grs	Grésil.
C1, C5	— transparent ou sombre.	Grl	Grêle.
Bl	Brouillard.	Or	Orage voisin.
Bl1, Bl3	— léger ou dense.	Tn	Tonnerre éloigné.
P	Pluie.	Ec	Éclairs éloignés.
P1, P3	— fine ou très-forte.	Tp	Tempête.
N	Neige.	Hs	Halo solaire.
N1, N5	— légère ou abondante.	Hl	Halo lunaire.

? Désigne une observation douteuse ou qu'on n'a pas pu faire.
: Désigne une observation sûre, quoiqu'elle paraisse anomale.

DATES.	10 H. DU MAT.		MIDI.						4 H. DU SOIR.	
	Bar. à 0°.	Temp. extér.	Bar. à 0°.	Temp. extér.	Config. des nuages.	Nébulo-sité.	Phéno-mènes	Vent.	Bar. à 0°.	Temp. extér.
	mm	o	mm	o					mm	o
1	?	?	729,49	1 8	Cm St	10	C	OSO 1	?	?
2	728,42	0,3	726,70	0,4	Cm St	10	C	SSE 1	724,49	0,8
3	737,94	− 1,0	738,45	− 1,1	Cm 3	6	»	O 1	739,72	− 2,1
4	744,06	− 2,8	745,74	− 2,8	St	10	C	ONO 1	744,14	− 3,1
5	749,52	− 3,3	748,29	− 2,2	St	10	»	E 1	748,06	− 4,0
6	?	?	739,25	− 1,6	Cm St	10	C 3	SE 1	?	?
7	739,10	4,7	737,72	5,0	»	10	P 1 C 3	S 1	735,80	5,0
8	730,10	8,2	729,45	10,8	Cm	8	»	SSO 3	729,51	10,4
9	730,21	7,5	729,76	7,0	Cm St	10	C	SO 2	730,40	6,4
10	727,01	6,5	726,75	7,2	Cm St	10	C	O 4	729,57	7,0
11	754,02	4,6	733,26	4,4	Cm 1	4	»	NO 1	752,17	2,9
12	757,65	0,6	756,96	0,1	»	9	N 1	OSO 1	737,19	− 0,7
13	?	?	754,09	− 0,4	Cr St	7	»	SO 1	?	?
14	740,01	− 2,8	739,29	− 1,9	Cm St	10	C 1	NE 1	738,99	− 2,8
15	756,55	− 5,8	735,08	− 3,7	»	10	N 1 C 1	N 1	735,26	− 3,8
16	730,53	− 1,5	729,54	− 0,9	»	10	N 1 C 1	OSO 1	729,61	− 2,1
17	730,59	− 1,7	730,05	− 1,1	»	10	N 1 C 1	OSO 3	730,37	− 1,3
18	734,73	− 4,8	734,72	− 2,9	St	10	V 5	OSO 1	735,08	− 5,0
19	741,64	− 9,1	741,64	− 9,0	Cm	4	V 1	SSO 1	742,69	− 8,0
20	?	?	740,05	− 4,7	Cr Cm	5	»	NE 3	?	?
21	739,26	− 6,4	739,21	− 5,1	Cr Cm	2	»	NNE 2	739,40	− 6,2
22	747,51	− 7,5	747,84	− 6,0	Cr St	10	C	E 1	748,35	− 5,7
23	745,56	− 2,9	744,98	2,1	»	10	P 1	SO 1	744,97	2,7
24	742,13	3,3	741,06	4,8	Cm St	10	C	SSE 1	739,56	4,7
25	736,09	5,0	735,87	6,8	Cm 3	3	»	SO 1	736,25	7,5
26	748,61	4,4	748,75	4,8	Cm St	10	»	O 1	750,11	4,5
27	?	?	745,54	8,8	Cm St	9	»	SO 2	?	?
28	749,81	8,6	747,98	9,0	»	10	P 1 C 3	SSO 1	746,26	9,2
29	748,28	6,4	750,40	7,5	Cm St	10	C 1	O 2	750,29	7,9
30	749,00	7,5	748,51	8,9	»	10	P 1	SO 2	746,65	7,9
31	746,53	6,0	748,62	6,7	Cm St	9	»	NO 3	751,11	6,2
Moyennes.										
1 à 10	735,77	2,49	734,96	2,45		9,4			735,19	2,55
11 à 20	735,65	− 2,31	735,47	− 2,01		7,9			735,18	2,26
20 à 31	745,24	2,44	745,54	4,39		9,3			745,29	3,74
1 à 31	739,38	1,00	738,81	1,51		8,6			739,07	2,92

TEMPÉR. EXTRÊMES.			PLUIE en 24 h.		PHÉNOMÈNES JOURNALIERS.
Mini-mum.	Maxi-mum.	Moyen	en millim	Vent pluvieux	
o	o	o	mm		
1,0	2,8	1,9	6,50	SO	Neige la nuit et par intervalles le matin.
− 0,6	1,0	0,2	1,60	SO	Neige par intervalles matin et soir.
− 5,0	− 0,2	− 1,6	0,10	SO	
− 3,2	− 2,5	− 2,9	»		
− 4,8	− 1,7	− 3,5	»		
− 5,4	5,0	− 0,2	»		N la nuit. Grs à 9 h. du matin. Verglas et P le soir.
− 2,0	10,8[1]	4,4	16,70	SE	Pluie fine par intervalles matin et soir.
4,8	10,9	7,9	9,50	S	Pluie par intervalles matin et soir.
6,0	7,5	6,8	2,65	SO	Pluie la nuit et par interv. le soir à partir de 7 h.
4,5	7,8	6,2	2,80	SO	Id. Id. Id. à partir de 8 h.
3,0	4,8	5,9	0,30	NO	
− 0,2	1,4	0,6	»		Qq flocons de neige de 11 h. 1/2 du m. à 1 1/2 du s.
− 4,8	− 0,1	− 2,5	»		Gelée blanche très-forte.
− 4,0	− 1,3	− 2,7	»		Neige le soir à partir de 7 h. 1/2.
− 4,4	− 0,7[2]	− 2,6	0,88	SO	Neige matin et soir.
− 4,5	− 0,6	− 2,6	1,98	SO	Neige par intervalles le matin et le soir.
− 5,5	− 0,5	− 1,8	0,88	SO	Id. Id. le matin.
− 7,0	− 2,0	− 4,5	»		
−12,9	− 4,7[3]	− 8,8	»		Brouillard très-dense et Givre.
−11,6	− 4,0	− 7,8	»		Gelée blanche.
− 8,6	− 3,7	− 5,9	»		
− 9,6	2,1[4]	− 3,8	»		Qq flocons de neige par interv. le mat. Bruine le s.
− 5,8	4,8[5]	− 0,5	10,05	S	Pluie par intervalles matin et soir.
1,0	7,0[6]	4,0	7,50	SE	
2,0	7,5	4,7	»		
5,1	8,8	6,0	»		Pluie le soir par intervalles.
2,6	9,0	5,8	15,04	SO	Pluie fine matin et soir.
7,7	9,3	8,5	3,96	SO	Pluie fine le matin et par intervalles le soir.
5,5	7,8	6,6	2,80	SO	
4,4	9,0	6,7	0,80	SO	Pluie fine le matin. Vent très-fort le soir.
5,0	7,0	6,0	6,90	O	Id. par intervalles le matin et vent très-fort.
Moyennes.			Somm		
− 0,27	4,16	1,94	59,65		
− 4,97	− 0,75	− 2,86	4,00		Maximum du jour
0,70	6,22	5,57	44,85		constaté à 4 h. du soir.
					[1] 5°,0 | [2] − 3°,3 | [3] − 6°,3 | [4] − 5°,0 | [5] 2°,7
− 1,44	5,54	0,94	88,50		[6] 5°3.

2

DATES	10 H. DU MAT.		MIDI						4 H. DU SOIR		TEMPÉR. EXTRÊMES			PLUIE en 24 h.		PHÉNOMÈNES JOURNALIERS.
	Bar. à 0°.	Temp. extér.	Bar. à 0°.	Temp. extér.	Config. des nuages.	Nébulosité.	Phénomènes	Vent.	Bar. à 0°.	Temp. extér.	Minimum.	Maximum.	Moyen	en millim.		
1	754,40	2,4	755,21	5,4	Cm St	9	»	SO 1	754,10	6,2	1,0	9,4¹	5,2	1,00	SO	Gelée blanche.
2	754,05	7,9	754,56	9,4	Cm St	10	C 1	SO	754,51	9,1	4,2	9,7	7,0	»		Brouillard très-dense jusqu'à 10 h. du matin.
3	759,97	1,8	759,55	5,5	»	5	V 5	OSO 1	»	?	4,2	8,2	5,2	»		Bl., G bl. et Gv. P par interv. à partir de 7 h. du soir.
4	747,80	0,0	745,46	5,5	Cm 1	3	»	SO	743,20	6,1	-2,6	6,9	2,2	0,33	SE	Pluie la nuit et le soir par interv. Vent fort le soir.
5	740,80	4,7	759,83	6,3	Cm 3	3	»	S	757,53	6,7	3,0	10,8²	6,9	4,70	O	Pluie la nuit le soir par interv.
6	724,30	10,0	724,18	10,5	Cm St 3	10	C 1	O 4	725,48	8,5	5,0	11,1	8,1	8,80	SO	P par interv. et Tp de 10 h. du matin à 12 h. 1/4.
7	732,90	4,8	733,00	4,8	Cm St 3	10	C 1	ONO 2	737,27	2,5	2,3	8,2³	5,3	6,50	O	Pluie et grésil par intervalles. Vent fort.
8	758,67	6,0	738 58	8,2	»	10	P 1 C	O 4	758,94	9,0	4,2	10,1⁴	5,7	5,45	SO	Neige la nuit et pluie par interv. Tempête à midi.
9	744,71	8,2	746,11	10,1	Cm St	10	C 1	O 5	747,56	9,4	8,5	10,2	9,3	13,00	O	Pluie la nuit.
10	?	?	752,04	9,3	Cm St	10	C 1	SO 2	?	?	7,2	10,0	8,6	0,05	SO	Id.
11	745,28	9,2	747,38	8,0	Cm St	10	C 1	E 2	751,35	5,6	4,5	8,7	6,5	5,80	O	P de 9ʰ 1/2 à 11ʰ du m. V très-fort. Grs à 12ʰ 1/4.
12	753,20	5,5	753,09	6,1	Cm St	10	C 1	SO 1	754,81	6,7	5,5	7,0	5,5	0,65	O	Pluie fine le soir à partir de 2 h.
13	756,00	8,5	754,73	9,5	Cm St	10	C 1	E 1	755,40	9,0	6,1	9,8	8,0	0,10	SE	Brouillard et pluie fine le matin.
14	753,26	4,5	754,08	7,0	»	0	S	NNE 1	754,12	9,3	2,4	10,5	6,4	»		Rosée.
15	749,62	5,6	749,19	6,7	Cm St	7	V	E 1	748,06	8,0	2,0	10,9⁵	6,5	»		Brume le matin.
16	747,35	8,4	746,30	10,9	Cm St	8	»	S 1	745,81	11,2	4,5	12,2	8,3	0,40	SE	Pluie fine la nuit et par intervalles le soir.
17	?	?	746,56	12,3	Cm St	9	»	S 2	?	?	8,6	14,0	11,4	4,40	S	Id. par intervalles matin et soir.
18	754,55	10,5	754,44	11,6	Cm St	10 C	C 1	O 1	754,84	10,6	9,2	12,0	10,6	2,40	SO	Id. à partir de 8 h. du soir.
19	755,80	9,6	755,37	10,1	Cm St	10	C 1	E 1	754,95	10,1	8,0	14,9	10,0	0,10	SO	Id. par intervalles à partir de 4 h. du soir.
20	755,28	8,8	757,27	10,1	Cm St	8	»	NO 1	757,27	9,8	7,4	11,1	9,3	0,40	SE	
21	760,39	7,5	759,59	9,5	Cm	3	»	O 1	760,28	11,0	5,0	12,0	8,5	»		Brouillard très-dense jusqu'à 8 h. 1/2 du matin.
22	759,20	7,2	758,00	8,4	Cm St	10	»	O 1	757,56	8,0	5,2	8,8	7,1	»		Brume le soir.
23	756,03	7,0	750,89	7,5	Cm St	10	»	O 2	736,28	9,5	5,2	9,6	7,4	0,10	SE	Pluie fine la nuit.
24	?	?	753,31	7,8	Cm St	7	»	O 2	?	?	1,3	9,2	5,3	»		Brouillard et gelée blanche.
25	750,85	8,0	750,93	8,8	Cr Cm	3	»	ONO 3	749,04	9,9	6,2	10,6	8,4	1,10	SO	Pluie la nuit.
26	744,02	8,6	743,40	8,0	»	1	P 1 C	O 3	745,49	6,0	6,5	8,8	7,7	0,80	O	Pluie la nuit et continue à partir de 10 h. du matin.
27	746,51	2,5	746,51	4,7	Cm St	8	»	N 3	746,10	4,0	1,8	5,6	3,7	6,00	NO	
28	749,69	1,8	749,01	4,8	Cm St	7	»	N 1	748,37	5,0	-4,8	4,4	4,2	»		Gelée blanche très-forte.

Moyennes.

1 à 10	744,18	5,10	745,04	7,08				8,1		742,14	7,16	5,08	9,46	6,15	41,65	
11 à 20	752,96	7,60	752,11	9,29				8,2		752,74	8,94	5,60	10,79	8,23	12,23	
21 à 28	752,47	6,09	752,43	7,41				7,3		751,71	7,31	5,69	8,99	6,10	8,00	
1 à 28	749,63	6,28	749,68	7,90				7,9		749,08	7,88	4,15	9,58	6,87	61,90	

Maximum du jour constaté à 4 h. du soir.

¹ 6°,9 | ² 7°,3 | ³ 5°,5 | ⁴ 9°,8 | ⁵ 8°,8

DATES.	10 H. DU MAT.		MIDI.						4 H. DU SOIR.		TEMPÉR. EXTRÊMES.			PLUIE en 24 h.		PHÉNOMÈNES JOURNALIERS.
	Bar. à 0°.	Temp. extér.	Bar. à 0°.	Temp. extér.	Config. des nuages.	Nébul sité.	Phéno mènes.	Vent.	Bar. à 0°.	Temp. extér.	Mini mum.	Maxi mum.	Moyen	en millim	Vent élevé	
	mم								mم		°	°	°			
1	755,72	0,4	755,85	0,7	Cm	5	7	N 2	755,01	0,5	— 3,5	1,7	— 0,9	»		Qq flocons de neige par intervalles.
2	759,20	0,6	759,24	0,5	Cm St		7	NE 3	758,66	— 0,2	— 5,8	2,9	— 0,5	»		Vent très-fort.
5	»	»	755,08	2,0	»		0	N 5	»	?	— 4,5	4,5	0,0	»		Id. Id.
4	751,65	1,1	751,18	2,4	»		0	NNE 2	740,94	3,9	— 5,2	4,4	0,3	»		
5	745,64	0,9	759,79	1,8	Cm St		10	C	N 1	?	?	— 3,2	4,2	0,5	»		Bl G bl. Qq flocons de neige à 5 h. du soir.
6	754,47	0,4	754,38	1,7	Cm St		9	C 1	NNE 1	755,51	1,5	— 1,2	4,0	1,4	0,45	NO	Neige par intervalles.
7	754,80	1,5	755,05	2,7	Cm St		9	C 1	S 1	755,51	5,0	— 1,8	4,0	1,1	2,19	NO	Id. Id.
8	752,58	0,8	751,27	2,0	»		10	N 1C	N 1	750,28	0,6	— 2,0	7,3	2,6	1,50	N	Id. Id. et pluie le soir.
9	754,85	6,0	754,01	7,5	Cm St		10	C 1	S 1	755,45	9,4	— 0,6	12,5	6,8	7,30	NO	Pluie le soir.
10	?	?	750,50	11,8	Cm St		10	C	SO 5	?	?	— 5,2	13,0	9,1	5,85	NE	Pluie par intervalles.
11	754,74	7,1	754,72	7,7	St		10	C	O 1	753,52	8,0	6,0	9,6	7,9	5,50	NO	Pluie la nuit.
12	758,11	8,0	757,49	9,8	Cm St		10	C 1	NE 1	756,75	5,4	5,0	10,0	7,5	0,10	E	Id. de 9 h. du matin à 2 h. du soir.
13	742,20	1,9	741,60	5,5	»		10	NC 1	E 1	740,65	2,9	0,8	4,0	2,4	0,50	NE	Id. de 7 h. à 9 h. du matin et très-fine le soir.
14	755,58	2,8	753,70	4,0	Cm St		10	C	N 1	754,20	7,2	1,8	7,5	4,7	3,00	NE	Pluie de 7 h. à 9 h. du matin et très-fine le soir.
15	750,75	4,0	750,57	4,4	Cm St		10	C	NE 1	756,56	5,5	4,0	8,9	5,0	5,60	O	Id. très-fine le matin et par intervalles le soir.
16	740,75	1,9	740,46	2,5	Cm St		10	»	N 1	740,66	4,4	— 0,8	5,5	3,2	2,00	N	Qq flocons de neige le matin.
17	»	»	742,90	2,8	Cm		10	»	E 1	»	?	— 2,8	5,0	0,6	»		Gelée blanche.
18	752,27	— 0,1	751,54	0,8	Cm St		10	»	E 5	752,14	1,2	— 2,6	4,5	1,0	6,72	E	Tempête et neige la nuit. Grs et P par intervalles.
19	750,45	2,0	750,04	4,5	Cm St		10	C	N 5	748,06	4,8	— 0,6	10,5	5,6	3,78	SE	Bl, et P jusqu'à 10 h. du matin. P fine le soir.
20	750,75	8,7	750,78	10,5	Cm		6	»	S 1	750,89	10,7	5,4	15,5	8,8	8,50	NO	Pluie la nuit.
21	758,44	4,0	759,25	4,0	Cm St		10	C	N 1	740,01	3,7	3,5	8,0	5,7	»		Qq petits flocons de neige à 4 h. 1/2 du soir.
22	742,28	4,8	741,08	8,0	Cm St		8	»	E 1	742,55	5,5	— 1,5	12,9	5,6	»		Pluie de 1 h. 1/2 à 5 h. du soir.
23	745,19	11,0	745,05	12,7	Cm St		10	C 1	S 1	742,97	12,0	4,5	15,5	8,9	4,10	S	Id. fine la nuit.
24	?	?	740,75	10,5	»		4	»	SO 1	»	10,9	7,7	14,0	10,9	1,50	SO	
25	745,90	11,0	744,07	15,7	Cm St		8	»	S 1	745,55	14,2	7,9	15,0	11,5	4,10	SO	Id. par intervalles. Orage à 6 h. 1/4 du soir.
26	758,57	10,9	757,58	12,0	Cm St		10	C	OSO 1	757,99	10,0	9,4	12,0	10,7	0,80	S	Id. fine par interv. le matin et abondante le soir.
27	754,35	9,4	752,86	10,8	»		10	P C	SE 1	751,21	11,0	8,7	12,2	10,5	12,50	SO	Id. par intervalles le matin.
28	751,70	10,0	752,50	12,2	Cm		4	»	NO 1	752,44	11,0	6,5	14,0	10,5	»		Qq gouttes à 4 h. 1/2 du soir.
29	750,56	10,4	755,46	11,7	Cm St		8	»	N 1	755,85	10,7	4,7	14,0	9,4	»		Pluie à 7 h. 1/4 du soir.
30	742,08	8,1	741,59	10,0	Cm St		10	C	N 1	741,45	9,0	5,4	10,0	6,7	0,50	O	Grésil et neige fondue par intervalles le soir.
31	?	?	744,55	5,2	»		10	NC	NO 5	?	?	4,7	6,8	4,5	2,66	NO	Neige la nuit et grésil par intervalles le matin.

	Moyennes.															
1 à 10	742,85	1,4	742,20	3,40			7,2			742,05	2,70	— 4,75	5,89	2,05	15,45		
11 à 20	755,05	4,05	760,11	4,95			8,6			755,05	5,54	1,76	7,54	4,67	35,10		Maximum du jour constaté à 4 h. du soir.
21 à 31	759,25	8,81	759,05	10,04			8,0			758,55	9,65	5,14	12,02	8,61	25,85		1°,6 | 2°,7 | 5 1°,2 | 4 9°,4 | 5 8°,6 | 6 5°,3
1 à 31	759,12	4,58	750,75	6,97			8,3			758,28	6,22	1,85	8,56	5,22	76,40		7 10°,8 | 8 5°,0 | 9 5°,0 | 10 11°,0

DATES.	10 H. DU MAT.		MIDI.						4 H. DU SOIR.		TEMPÉR. EXTRÊMES.			PLUIE en 24 h.		PHÉNOMÈNES JOURNALIERS.
	Bar. à 0°.	Temp. extér.	Bar. à 0°.	Temp. extér.	Config. des nuages.	Nébul.	Phéno-mènes	Vent.	Bar. à 0°.	Temp. extér.	Mini-mum.	Maxi-mum.	Moyen	en millim	Vent	
1	751,34	5,9	754,03	6,6	Cm 5	5	»	NNE 1	755,90	6,2	0,7	10,7	5,7	1,45	NO	
2	753,10	9,8	752,52	10,7	Cm St	10	»	O 1	749,14	10,0	5,0	12,0	7,8	»	»	Pluie le soir à partir de 4 h.
3	749,37	9,6	749,88	12,0	Cm 5	6	»	NO	749,78	11,4	7,0	12,3	9,6	5,30	SO	Id. à 3 h. du matin.
4	745,40	9,2	745,48	9,5	»	10	PC	OSO 2	741,17	9,4	7,0	9,7	8,7	0,40	SO	Id. par intervalles.
5	747,02	6,9	747,37	8,9	Cm	4	»	N 2	747,23	10,4	4,7	12,2	8,9	2,00	O	
6	745,50	10,0	745,91	12,0	Cm St 4	9	»	NO	745,65	9,8	7,0	12,2	9,6	1,80	O	Id. la nuit.
7	?	?	746,59	10,2	Cm St	10	»	NO 1	?	?	8,5	10,6	9,5	0,85	O	Id. Id. et par intervalles le soir.
8	738,41	9,8	737,90	10,5	Cm	6	»	O	5.756,08	9,6	8,7	12,5	10,5	4,40	O	Id. par interv. V très-fort le jour. Tp le soir.
9	738,48	8,6	738,64	9,0	Cm	7	»	O	5.750,44	10,2	5,2	11,6	7,4	14 60	O	Bourrasque et averse à 8 h. du m. Grs par interv.
10	745,14	8,8	740,55	10,8	Cm 5	4	»	O	2.740,04	11,0	3,7	12,5	8,1	0,60	O	
11	737,84	9,8	737,45	10,6	Cm 5	6	»	O	4.738,77	10,3	6,4	12,4	9,5	1,25	O	Pluie par interv. le mat. Grs et V très-fort le soir.
12	751,19	7,8	750,94	9,7	Cm 4	0	»	OSO 1	750,89	10,0	2,0	13,7	7,9	1,10	O	
13	749,37	10,0	748,14	13,7	»	6	V 5	OSO 1	747,15	13,9	2,2	10,0	9,1	»	»	Gelée blanche Qq gouttes à 9 h. du soir.
14	?	?	741,51	10,0	Cm	0	»	OSO 2	?	?	7,6	17,0	12,4	»	»	Vent fort à partir de 8 h. du matin.
15	756,01	11,0	755,52	12,8	Cm St	10	C	OSO	4.756,08	10,5	0,0	13,2	11,1	5,70	O	Tempête la nuit et pluie par intervalles.
16	740,55	9,5	740,64	7,8	»	10	P C	O	1.759,31	9,4	7,4	12,0	9,7	4,20	NO	Pluie par intervalles.
17	740,61	11,8	741,07	11,8	»	10	P C	O	5.741,69	11,5	8,0	13,8	10,9	5,00	O	Id. Id.
18	746,57	12,0	745,40	13,8	»	»	V I	E	1.745,84	14,9	6,7	10,2	13,0	0,80	SO	
19	740,25	17,2	740,71	18,0	Cm St	10	C	O	2.740,15	19,0	7,2	19,8	13,8	»	»	Brouillard.
20	755,20	17,4	755,73	15,8	Cm	1	»	S	1.734,50	20,0	12,0	21,5	16,7	2,50	S	P la nuit. 2 orages le soir, l'un à 4 h. et l'autre à 5 h.
21	?	?	744,28	16,5	Cm St	8	»	SO 5	?	?	10,3	17,2	13,8	5,00	S	P par interv. Orage et grêle à 2 h. 1/2 du soir.
22	?	?	745,16	12,0	Cm St	10	»	O	?	?	4,0	15,7	9,5	5,40	S	Id. le matin.
23	744,37	10,7	743,96	13,5	Cm St	10	C	SO	2.744,22	14,7	7,0	16,81	12,0	5,30	S	Id. Id. Id.
24	743,28	15,8	742,77	18,7	Cm St	10	C	OSO	4.740,04	15,0	10,6	19,5	15,0	0,15	O	Averse par interv. le soir à partir de 3 h. 1/2.
25	741,70	12,7	741,50	15,4	Cm St	8	»	O	4.740,92	16,5	9,7	16,0	13,5	15,90	O	Pluie le soir.
26	740,15	11,8	740,00	14,8	Cm St	10	»	N	1.759,67	14,6	9,4	15,5	12,4	0,15	SO	Pluie par intervalles.
27	738,70	13,0	750,00	14,0	»	8	»	S	4.755,78	14,2	7,9	17,7	12,8	2,00	O	Id. presque continue à partir de 9 h. du matin.
28	?	?	755,56	16,2	Cm St	10	C	SE	?	?	9,9	18,4	14,1	4,30	S	Id. le soir à partir de 9 h. 1/2.
29	759,05	13,9	759,85	15,4	Cm St	7	»	SE	1.740,09	13,8	9,0	16,5	12,7	8,40	SO	Id. la nuit et à 5 h. du soir.
30	743,73	12,9	742,62	15,9	Cm 5	7	»	SO	2.743,75	12,5	8,7	15,2	12,0	1,60	SO	Id. Id. et à 3 h. du soir.

	Moyennes.										Moyennes.		Somm			
1 à 10	746,04	8,54	746,29	10,08		6,9				754,95	9,84	5,45	11,60	8,54	28,10	
11 à 20	741,96	11,84	741,47	15,40		5,9				741,06	15,50	6,87	13,81	11,56	12,85	
21 à 30	741,22	13,66	740,07	15,01		9,0				740,92	14,61	8,74	16,88	12,40	40,80	
1 à 30	743,21	10,87	742,61	12,80		7,3				743,33	12,43	7,02	14,76	10,88	81,75	

Maximum du jour constaté à 4 h. du soir.

1 10°,3 | 3 10°,5 | 5 14°,9 | 7 10°,7 | 9 15°,1
2 19°,3 | 4 12°,4 | 6 15°,3

DATES	10 H. DU MAT.				MIDI.							4 H. DU SOIR.		
	Bar. à 0°.	Temp. extér.	Bar. à 0°.	Temp. extér.	Config. des nuages	Nébulosité	Phéno- mènes	Vent.				Bar. à 0°.	Temp. extér.	
	mm	°	mm	°								mm	°	
1	745,03	10,9	744,26	12,2	Cm St	40	C 1	O	3	743,04	11,8			
2	746,06	11,4	740,22	12,0	Cm St	40	C	O	1	745,65	13,0			
3	749,47	10,8	748,75	11,5	Cm	4	»	N	4	748,46	13,4			
4	749,04	12,2	748,63	14,2	Cm	4	»	E	N	748,03	15,0			
5	?	?	747,05	17,5	»	0	S	ESE	5	?	?			
6	748,51	17,0	748,13	19,6	»	0	S	ESE	1	747,55	21,0			
7	747,75	20,4	747,31	21,8	»	0	S	SSO	4	747,15	23,8			
8	746,09	21,8	745,95	23,7	»	0	S	SSO	2	744,07	24,7			
9	743,06	22,0	743,67	22,9	Cm St	»	»	SSO	1	742,90	23,9			
10	741,96	20,8	741,27	23,2	Cm	7	»	NNO	4	740,32	24,1			
11	736,89	22,8	737,22	24,0	»	6	P 1	SO	2	737,85	23,0			
12	?	?	732,87	23,4	Cm Cr	5	Cm Cr	SSO	2	?	?			
13	735,03	18,4	734,51	20,7	Cm St	8	»	O	5	734,76	14,5			
14	735,51	14,3	735,04	10,8	Cm St	10	»	NE	4	734,60	14,4			
15	739,53	13,0	730,54	13,2	Cm	3	»	N	4	738,03	10,0			
16	740,41	13,0	740,28	13,8	Cm St	40	C 1	N	4	740,04	16,1			
17	740,00	11,0	740,42	11,9	Cm St	40	»	N	2	740,86	11,2			
18	747,25	14,0	746,60	15,2	Cm	4	»	ESE	2	745,18	16,0			
19	?	?	741,90	21,0	Cr Cm	3	»	S	2	?	?			
20	740,55	16,2	739,87	17,8	Cm	5	»	SO	1	738,45	19,1			
21	756,56	16,4	755,81	16,0	Cm St	40	C 1	S	5	755,71	16,7			
22	758,04	11,4	730,54	10,0	»	10	P C	N	3	740,64	9,8			
23	742,98	7,8	742,26	9,8	Cm St	40	C 1	N	4	741,66	10,0			
24	746,04	7,9	746,52	9,4	»	10	P 1 C	N	4	747,49	8,8			
25	747,82	11,2	747,16	13,2	Cm	2	»	E	2	745,87	13,5			
26	?	?	740,57	20,0	Cr Cm	3	V	S	»	?	?			
27	740,47	17,4	741,07	18,4	Cm St	40	C	SO	2	740,51	19,4			
28	746,78	18,0	746,51	19,7	Cm	2	»	SO	4	746,20	20,4			
29	747,21	22,0	746,02	24,0	»	0	S	SO	4	746,02	23,2			
30	?	?	745,74	26,4	Cr	1	»	SO	4	?	?			
31	748,25	20,7	748,27	22,6	Cm	4	»	O	4	747,54	22,0			
			Moyennes.											
1 à 10	746,44	16,57	746,17	17,92		5,4				745,55	18,97			
11 à 20	740,09	15,54	730,35	18,58		7,3				739,48	16,61			
21 à 31	745,79	14,09	745,99	17,41		5,0				745,46	16,18			
1 à 31	745,56	15,47	745,03	17,80		5,5				742,96	17,28			

TEMPÉR. EXTRÊMES.			PLUIE en 24 h.		PHÉNOMÈNES JOURNALIERS.
Mini- mum.	Maxi- mum.	Moyen.	en millim.	Vent pluvieux	
°	°	°	mm		
7,9	13,6	10,8	5,50	SO	Pluie par intervalles.
7,0	15,9	10,5	2,90	NO	Id. Id. le matin.
5,2	14,2	9,7	»		
5,0	17,8	10,4	»		Gelée blanche très-forte.
6,5	18,6	13,0	»		Rosée.
7,8	21,2	14,5	»		Id.
10,2	24,2	17,2	»		Id.
12,1	24,9	18,5	»		Id.
12,6	24,1	18,5	»		Id.
13,2	25,4	19,3	»		Id.
14,2	25,4	19,8	»		Id. Qq gouttes à midi.
14,8	26,6	20,7	»		Rosée. Orage à 6 h. du soir.
12,5	21,1	17,2	0,05	S	Orage à 2 h. 1/2 du soir.
10,1	20,0	15,1	8,90	NO	P par interv. le matin. Orage à 2 h. 1/2 du soir.
7,8	17,0	12,4	0,23	NE	Averse à 6 h. du soir.
8,8	17,2	12,9	4,40	NE	
7,8	16,0	11,9	»		Brouillard et gelée blanche.
3,5	16,8	10,1	»		Rosée.
7,5	22,2	14,9	»		Pluie fine à 6 h. du matin et de 4 à 5 h. du soir.
11,0	19,8	13,4	0,03	SO	
11,5	18,9	13,1	1,43	SO	Pluie par interv. le matin.
8,5	10,2	9,3	0,60	NO	Id. Id.
1,9	10,7°	6,5	0,05	NO	Gelée blanche. Qq gouttes à 10 h. du matin.
1,8	13,2°	8,4	0,80	NO	G Id.. Pluie par interv. Grésil et neige.
1,8	20,0°	10,9	0,50	NO	Gelée blanche très-forte.
8,8	21,7	15,3	»		P de 8 h. à 9 h. du mat. Éclairs à 11 h. 1/2 du s.
13,2	20,0	17,1	0,45	SO	Pluie par intervalles.
10,4	24,0°	17,2	0,40	SO	
11,4	26,6°°	19,0	»		
15,4	27,0	21,7	»		
16,6	25,6°°	21,1	0,93	O	Éclairs de minuit à 2 h. et pluie à 2 h. du matin.
		Moyennes.	Somme		
8,55	19,89	14,22	6,40		Maximum du jour
9,73	20,31	15,02	10,95		et pluie à 4 h. du soir.
9,28	19,97	14,65	4,90		
9,19	20,05	14,6?	22,25		

3

DATES	10 H. DU MAT.		MIDI						4 H. DU SOIR	
	Bar. à 0°.	Temp. extér.	Bar. à 0°.	Temp. extér.	Config. des nuages.		Phéno-mènes	Vent.	Bar. à 0°.	Temp. extér.
	mm	°	mm	°					mm	°
1	749,52	24,4	748,96	24,8	Cm St 4	5	»	N	748,29	20,5
2	?	?	744,80	27,0	Cm 4	6	»	SE	?	?
3	740,65	26,6	740,11	26,8	Cm 5	4	»	S	740,83	25,2
4	746,18	17,4	746,03	19,4	Cm St	10 C 4	»	SO	745,89	19,7
5	747,93	19,0	747,27	20,9	Cm St	8	»	SO	746,28	20,7
6	745,52	21,8	743,80	22,0	Cm 4	2	»	SO	741,18	25,6
7	742,20	18,0	741,53	19,3	Cm St	10 C 4	»	SSO	744,12	20,7
8	746,69	14,8	747,00	16,8	Cm St	8	»	O	748,17	18,0
9	?	?	749,60	17,4	Cm	6	»	O	?	?
10	?	?	753,28	19,6	»	0	S	NE 4	?	?
11	752,91	21,7	752,59	23,3	»	0	S	NE	751,30	24,8
12	749,03	22,7	748,80	23,8	»	0	S	S	747,33	27,4
13	746,74	21,0	740,09	23,0	Cm St	10	»	O	745,14	21,2
14	741,01	15,2	740,52	16,2	Cm St	10	»	O	739,58	19,2
15	740,63	14,7	741,01	15,7	Cm St	10	»	NO	741,07	14,2
16	?	?	744,74	12,1	Cm St	9	»	NO 2	?	?
17	748,16	11,6	748,00	12,2	Cm St	10 C	»	NO	747,87	14,0
18	747,03	14,7	747,83	15,0	Cm St	10 C 4	»	NO	746,07	16,0
19	745,26	17,8	745,84	19,2	Cm Cr	2	»	NE	742,93	19,0
20	742,42	20,0	742,15	21,7	Cu	3	»	E	741,71	23,1
21	744,69	16,0	744,29	16,7	»	10 P C	»	NE	744,53	18,4
22	746,58	19,7	745,85	22,5	»	6	»	NE	745,59	25,6
23	?	?	742,07	25,7	Cm	6	»	NO	?	?
24	740,70	20,1	740,47	21,4	Cm St	10	»	N	739,63	21,8
25	744,24	19,5	744,17	21,4	Cm St	10 C	»	NE	744,00	21,4
26	752,44	18,8	755,18	21,1	Cm 4	2 V 4	»	NE	752,97	18,2
27	755,89	20,0	755,49	22,0	Cm	1	»	E	752,00	23,0
28	752,79	20,4	752,40	21,0	Cr St	2	»	N	752,51	19,0
29	754,56	16,0	753,55	17,0	Cm 4	1	»	N	752,16	18,0
30	?	?	745,58	21,1	»	0 S	»	SSE 4	?	?

Moyennes.

1 à 10	745,13	20,54	746,09	21,55		5,0			744,33	22,05
11 à 20	746,14	17,78	745,67	18,41		6,4			744,95	20,01
21 à 30	748,70	18,81	747,50	20,74		4,8			747,07	20,36
1 à 30	746,70	18,05	746,42	20,23		5,4			745,84	20,72

	TEMPÉR. EXTRÊMES.			PLUIE en 24 h.		PHÉNOMÈNES JOURNALIERS.
	Mini-mum.	Maxi-mum.	Moyen	en millim.	Vent dominant	
	°	°	°	mm		
	16,4	27,6	22,0	»		Rosée.
	10,5	28,4	22,3	»		Id. très-forte. Éc à 8h du s. Petite averse à 9h du s.
	18,7	27,8	23,3	»		Qq gouttes à 8 h. du matin.
	17,5	21,7²	19,5	»		Id. à 3 h. du soir.
	10,7	22,9	16,8	»		Rosée.
	10,4	25,6	18,0	»		Rosée. Éclairs le soir à partir de 9 h. 1/4.
	13,1	22,0	17,5	0,55	NO	P fine de 6h à 7h du m. et de 7h 1/2 à 8h 1/4 du s.
	11,2	20,0	15,6	0,60	O	Qq gouttes à 8 h. du matin.
	9,8	19,7	14,8	»		Rosée. Qq gouttes à 4 h. du soir.
	9,8	23,5⁴	16,1	»		Id.
	11,1	25,8⁴	18,5	»		Id.
	15,8	28,5	21,1	»		Id. très-faible.
	17,7	22,3	20,0	»		Pluie le soir à partir de 4 h.
	13,2	19,3	15,0	13,20	NO	Id. la nuit et par interv. le matin.
	10,0	16,2	13,1	1,60	NO	P mêlée de Grs de 7h 1/2 à 8h du m. Averse à 5h du s.
	8,2	14,7	11,5	2,40	NO	Qq gouttes par interv. le matin. Pluie à 6 h. du soir.
	8,0	15,9⁴	12,0	0,00	NO	Pluie la nuit.
	10,0	19,3⁷	14,6	»		Rosée.
	7,8	21,8	14,8	»		
	9,8	23,8	16,8	»		
	12,0	22,3⁴	17,2	2,40	N	P de 9 h. 1/2 du matin à 1 h. et par interv. le soir.
	14,0	23,8	18,9	5,00	O	
	13,0	24,9	20,0	»		Orage avec grêle de 3 h. 1/4 à 4 h. du soir.
	15,1	24,1	19,6	7,40	O	Qq gouttes à 10 h. du matin.
	15,5	23,1	19,3	0,03	NE	Pluie très-fine à 10 h. du matin.
	15,4	23,0	19,2	»		
	11,2	25,1	18,2	»		Qq gouttes à 5 h. 1/2 du soir.
	14,4	22,5	18,5	»		
	7,8	21,2²	14,5	»		
	8,7	26,7¹²	17,7	»		

Moyennes.

				Somme	
13,50	23,90	18,0	1,15	
10,80	20,71	15,70	19,80	
12,80	23,07	18,25	15,75	
12,35	22,76	17,50	34,70	

Maximum du jour constaté à 4 h. du soir.

¹ 27°,0 | ² 26°,3 | ³ 18°4 | ⁵ 25°,1
⁴ 15°,2 | ⁷ 19°,6 | ⁸ 19°,0 | ⁹ 18°,0 | ¹² 22°,8

DATES	10 H. DU MAT.		MIDI						4 H. DU SOIR.		TEMPÉR. EXTRÊMES.			PLUIE en 24 h.		PHÉNOMÈNES JOURNALIERS.
	Bar. à 0°.	Temp. extér.	Bar. à 0°.	Temp. extér.	Config. des nuages.	Nébulo-sité.	Phéno-mènes.	Vent.	Bar. à 0°.	Temp. extér.	Mini-mum.	Maxi-mum.	Moyen	en millim	Vent horaire	
	mm	°	mm	°					mm	°	°	°	°	mm		
1	742,31	23,1	742,29	26,5	Cm St	8	»	O	1 742,05	26,8	14,8	26,8	20,8	»		Pluie par interv. le matin. Orage à 6 h. 1/2 du soir.
2	743,53	20,1	745,51	20,1	Cm St	10	»	S	1 745,11	19,0	17,8	23,3	20,2	3,70	SO	
3	747,44	19,4	747,71	20,3	Cm St	9	»	O	2 747,71	21,6	14,7	24,5	19,6	8,85	SO	
4	747,10	22,0	746,58	24,5	Cm St	8	»	S	1 745,13	24,5	15,0	25,7	19,2	»		Id. le s. par interv à partir de 8h et vent très-fort.
5	746,95	16,2	747,16	18,4	Cm St	10	»	O	3 747,50	18,0	14,0	19,9?	17,0	5,50	SO	Id. par interv. le mat. Orage de 6h 1/2 à 7h du s
6	740,80	18,1	740,70	19,6	Cm St	7	»	O	1 749,27	19,6	15,0	21,0	17,0	2,70	O	Rosée.
7	?	?	740,39	20,2	Cm St	6	»	N	2 745,03	?	10,2	20,4	13,3	»		Id. Qq gouttes à 6 h. 1/2 et à 8 h. 1/2 du soir.
8	751,02	14,0	750,85	15,8	Cm St	10	»	N	2 750,64	15,6	8,5	17,5	12,5	»		Brouillard très-dense jusqu'à 7 h. du matin.
9	751,51	15,8	751,48	16,0	Cm St	6	»	NE	1 751,14	15,5	8,5	18,4?	13,4	»		Rosée.
10	749,54	17,3	749,19	18,4	Cm	2	»	N	1 748,42	19,7	7,3	20,4?	13,9	»		
11	748,07	19,0	747,29	20,4	»	0	S	E	2 746,57	21,4	0,2	22,7?	16,0	»		Id.
12	749,47	21,2	741,81	22,7	Cm St	9	»	E	5 740,90	21,4	14,5	24,0	17,8	»		Pluie par interv. le soir à partir de 7 h. 1/4.
13	744,54	19,1	744,54	20,9	Cm St	10 C	»	SO	2 744,82	22,0	11,5	22,8	17,2	14,00	SO	Id. Id. le matin.
14	?	?	758,08	19,8	Cm St	10 C	»	SO	2 ?	?	15,0	23,7?	10,7	2,70	O	Id. Id. Id. Qq gouttes le soir.
15	741,95	22,0	740,74	23,7	Cr	4	»	S	1 737,05	25,6	14,8	26,7	20,8	»		Orages à 4 h., 5 h. et 7 h. du soir.
16	742,74	18,3	742,38	20,3	Cm St	10 C 1	»	SO	3 741,86	19,3	14,0	20,3	17,3	5,50	SO	Pluie par interv. le matin et le soir.
17	742,72	19,0	742,92	20,7	»	9 P C 1	»	SO	2 745,03	20,2	14,2	20,0	17,6	2,39	SO	Id. la nuit.
18	745,05	15,8	742,70	16,0	»	10 P C 3	»	SO	1 740,56	20,0	14,2	21,3	17,8	0,85	SO	Id. de 7h du m. à 1h du s. Averses de 6h1/2 à 8h1/2.
19	759,01	17,2	759,68	18,0	Cm St 5	9	»	O	3 740,55	18,5	15,0	20,1	16,6	14,40	SO	Petite averse à 11 h. du matin.
20	744,00	16,8	745,40	18,3	Cm	5	»	O	5 744,90	20,7	12,6	24,1?	18,4	0,10	SO	Pluie par interv. de 10 h. à midi.
21	?	?	745,33	23,9	Cm St	7	»	SO	1 ?	?	13,0	26,2	19,6	0,60	O	
22	745,49	24,0	745,14	25,1	Cm	5	»	O	1 742,03	23,0	16,4	27,8	22,1	»		R. Or. de 2 h. 20 à 2 h. du s. et 1° par interv. après.
23	741,09	21,7	741,47	23,5	Cm	4	»	O	2 750,79	24,7	17,8	26,4	23,0	7,10	S	Pluie vers 6h du mat. Orage de 6h à 7h 1/2 du s.
24	740,58	20,0	740,52	22,8	Cm St	7	»	NO	2 751,03	22,4	15,5	22,4	19,0	0,10	S	Id. Id. Averse de 12h 1/2 à 1h du s.
25	741,55	19,7	741,00	22,5	Cm	3	»	N	1 739,87	23,5	12,5	24,2	18,5	0,90	NO	Rosée très-forte. Pluie le soir à partir de 11 h. 1/4.
26	739,06	20,0	739,14	21,1	Cm St	9	»	O	3 739,30	20,4	15,1	22,7	19,1	11,20	S	Pluie jusqu'à 6 h. du matin. Averse à 7 h. du soir.
27	740,65	16,7	740,82	16,5	Cm St	10 C	»	O	2 740,63	17,8	14,2	19,8	17,0	1,55	SO	Id. par interv. m. et s. Or. de 5h. à 5 h. 1/2 du s.
28	?	?	748,88	16,0	Cm St	9	»	NO	1 ?	?	12,0	18,2	15,1	10,20	O	Id. par interv. matin et soir.
29	746,32	16,0	744,94	16,7	Cm St	6	»	O	2 745,06	19,8	10,7	18,5	14,5	2,90	NO	
30	746,54	15,8	746,26	16,8	Cm St	10 C	»	O	2 745,80	17,4	8,5	18,7	13,5	»		Rosée très-forte.
31	745,51	16,7	745,28	18,5	Cm Cr	2	»	N	2 744,08	19,8	8,7	19,0	14,3	0,05	O	Brouillard très-dense jusqu'à 8 h. du matin.

	Moyennes.											Moyennes.		Somm		
1 à 10	747,42	18,51	747,79	19,96		8,0			747,23	20,06	12,46	21,60	16,94	22,35		Maximum du jour
11 à 20	742,96	18,74	742,08	20,40		7,5			741,95	21,08	13,06	22,68	17,87	40,65		consisté à 4 h. du soir.
21 à 31	743,50	19,02	743,70	20,45		6,5			742,55	20,61	13,12	22,24	17,08	43,40		¹ 25°,7 ² 19°,0 ³ 16°,7 ⁴ 19°,0 ⁵ 21°,8
1 à 31	745,60	18,75	744,50	20,13		7,3			743,90	20,53	12,78	22,19	17,49	106,00		⁶ 21°,2 ⁷ 21°,0

DATES	10 H. DU MAT.		MIDI.					Vent	4 H. DU SOIR.		TEMPÉR. EXTRÊMES			PLUIE en 24 h.		PHÉNOMÈNES JOURNALIERS.
	Bar. à 0°.	Temp. extér.	Bar. à 0°.	Temp. extér.	Contig. des nuages.	Nébul.	Phéno-mènes		Bar. à 0°.	Temp. extér.	Mini-mum.	Maxi-mum.	Moyen.	en millim.	Vent	
	mm	°	mm	°					mm	°	°	°	°	mm		
1	742,52	18,0	741,67	19,8	Cm	4	»	NNE 2	739,74	20,8	8,4	24,4	14,0	»		
2	738,97	18,5	739,18	20,8	Cm	4	»	NE 2	739,54	20,8	10,4	22,2	16,2	»		Rosée très-forte.
3	744,46	17,7	744,53	19,5	Cm	5	»	NE 1	744,89	20,2	11,6	20,7	16,2	»		Id.
4	?	?	747,43	19,0	Cm St	7	»	N 1	?	?	9,5	21,1	15,3	»		Id.
5	747,08	18,2	746,68	19,7	Cm	4	»	NO 1	745,51	19,0	11,8	22,0	16,9	»		Rosée et Brume.
6	744,24	19,7	743,53	19,7	Cm	6	»	SO 1	742,45	22,0	11,0	23,1	17,1	»		Rosée. Pluie de 4 h. à 5 h. du soir.
7	744,12	17,0	744,02	18,0	Cm St	7	»	S 3	743,77	18,0	12,0	20,0	16,3	1,20	SO	Petite averse à 1 h. du soir.
8	744,03	18,7	743,58	20,0	Cm St	10	»	O 2	743,80	21,2	13,5	23,0	18,5	0,40	O	Pluie fine par intervalles matin et soir.
9	744,90	21,2	744,64	23,0	Cm St	2	»	SO 1	744,20	25,6	13,2	24,0	18,6	0,10	SO	
10	748,46	22,5	748,44	23,0	Cm	3	»	NO 1	746,13	25,0	14,0	24,5	19,2	»		Rosée.
11	?	?	747,20	23,5	»	0	S	E 1	?	?	14,0	23,0	18,5	»		Id.
12	749,15	22,7	747,38	25,0	»	0	S	E 1	747,80	20,3	15,7	26,4	20,1	»		Id.
13	748,45	24,2	748,98	26,5	»	0	S	E 1	747,63	28,0	15,8	28,0	20,9	»		Id.
14	748,24	23,4	747,90	28,0	»	0	S	NE 1	746,23	29,0	15,5	20,7	22,5	»		Id.
15	?	?	741,29	27,2	Cr Cm	2	»	SO 5	?	?	17,5	27,8	22,7	»		R. Vent tr.-f. de 11h à 4h du s. Orge de 5h à 8h du s.
16	750,37	22,2	750,41	21,7	Cm St	10	»	SO 2	741,56	20,5	16,0	22,7	19,4	»		Pluie par interv. le soir et orage à 6 h. du soir.
17	747,71	19,7	747,42	22,0	Cm	4	»	O 2	747,05	22,5	14,9	24,5	19,7	4,90	SO	Id.
18	?	?	750,02	23,0	Cm	4	»	O 2	?	?	14,7	26,0	20,4	»		Rosée.
19	749,37	22,4	748,98	26,0	»	0	S	SE 1	?	?	15,7	27,7	20,7	»		Id.
20	746,24	23,2	745,65	27,7	»	0	S	S 3	744,60	28,9	16,8	26,2	22,0	»		Id.
21	746,40	23,0	746,02	24,6	Cm	7	»	SO 1	745,64	24,3	16,5	26,2	22,9	4,20		P la nuit et jusqu'à 9h du m. Or de 3h 1/2 à 6h du m.
22	746,20	22,2	746,11	24,1	Cm St	9	»	NE 1	745,54	24,1	15,9	26,4	20,7	»		Rosée.
23	745,48	21,7	744,95	23,4	Cm St	10 C	»	E 1	744,15	24,2	15,6	25,8	20,7	»		Qq gouttes de 7 h. 1/2 à 8 h. du matin.
24	746,48	20,7	746,40	21,0	Cm St	8	»	NO 1	745,87	25,5	17,0	26,0	21,0	0,03	NO	Pluie par interv. de 8 h. à 10 h. du matin.
25	?	?	745,69	22,8	Cm	4	»	NO 1	?	?	16,0	25,0	20,5	»		Rosée. Pluie fine à 3 h. 1/2 et à 8 h. du soir.
26	746,19	21,0	745,41	23,0	Cm St	9	»	NE 1	744,51	24,8	17,6	26,0	21,8	»		P de 9h 1/2 à 10h 1/4 du m. et Tn de 10h à 10h 1/4 du m.
27	745,08	18,8	749,89	24,5	Cm St	9	»	O 1	744,07	18,4	16,0	21,8	18,5	5,10	O	Rosée.
28	750,40	17,6	750,55	18,4	Cm St	10	»	NE 1	750,26	24,2	12,4	21,5	16,9	»		
29	752,67	17,8	751,93	19,0	Cr	1	»	O 1	751,06	20,4	9,0	21,4	15,1	»		Brouillard.
30	749,17	19,2	747,94	21,1	Cm	4	»	E 1	746,95	22,4	10,0	23,0	16,5	»		Rosée très-forte.
31	744,19	22,1	744,00	23,7	Cr	4	»	S 1	742,70	23,7	12,7	27,0	19,9	»		Id.
			Moyennes.								Moyennes.			Somm.		
1 à 10	744,84	19,16	744,31	20,52		5,5			745,30	21,08	11,74	22,45	16,93	1,70		
11 à 20	747,40	23,11	746,31	25,04		1,7			745,82	25,82	14,83	26,67	20,74	4,90		
21 à 31	747,04	20,40	746,35	22,27		6,5			746,05	22,89	14,77	24,53	19,55	8,20		
1 à 31	746,15	20,70	745,81	22,54		4,6			745,07	22,03	13,79	24,58	19,00	14,80		

Maximum du jour constaté à 4 h. du soir.

1 20°,0 | 2 19°,7 | 3 24°,2 | 4 25°,3 | 5 24°,1
6 24°,0 | 7 29°,7

DATES.	10 H. DU MAT.		MIDI.						4 H. DU SOIR.		TEMPÉR. EXTRÊMES.			PLUIE en 24 h.		PHÉNOMÈNES JOURNALIERS.
	Bar. à 0°.	Temp. extér.	Bar. à 0°.	Temp. extér.	Couleg. des nuages.	Nébulosité	Phéno-mènes	Vent.	Bar. à 0°.	Temp. extér.	Mini-mum.	Maxi-mum.	Moyen	en millim	vent pluvieux	
	mm	°	mm	°					mm	°	°	°	°	mm		
1	?	?	744,67	27,0	»	0	S	NO	1	?	?	16,0	28,6	22,5	»		Rosée.
2	747,54	23,0	747,42	26,2	»	0	S	S	1	747,08	27,6	16,6	28,4	22,5	»		Id.
3	748,40	24,7	747,04	27,0	Cr Cm	3	»	E	1	746,03	28,4	17,0	29,2	23,1	»		Id.
4	743,16	23,7	743,13	26,2	Cr Cm	3	»	SE	1	742,25	23,2	18,2	28,6	23,4	0,70	NO	Pluie la nuit.
5	747,08	20,7	747,49	21,4	Cm 1	4	»	O	1	740,54	22,4	16,7	28,3	22,5	»		
6	740,47	22,0	746,33	23,0	Cm St	10	»	O	2	746,03	22,2	16,9	24,3	20,7	»		Orage à 10 h. 1/2 du soir.
7	749,08	19,2	749,03	16,7	Cm St	8	»	NO	1	749,85	19,3	14,4	24,0	17,7	4,95	O	
8	?	?	748,80	20,0	Cm	2	»	N	1	?	?	12,0	21,7	16,9	»		
9	746,19	20,0	743,56	21,2	Cu	1	»	O	2	744,31	22,6	12,2	22,3	17,5	»		2 orages simultanés de 12 h. 1/2 à 8 h. du matin.
10	743,28	20,7	743,75	22,2	Cm St	8	»	O	1	744,74	20,1	15,2	22,1	18,7	29,60	O	
11	748,04	17,2	747,13	19,4	Cm St	6	»	SO	1	746,03	20,7	10,5	22,7	16,5	»		Rosée.
12	744,07	19,0	744,30	21,7	Cr	1	»	N	1	745,64	25,6	12,0	23,2	18,6	»		Id.
13	744,00	22,4	743,96	23,2	Cm	1	»	SO	1	743,92	25,4	13,0	20,5	17,9	8,20	O	Id.
14	749,45	17,8	749,23	18,9	Cm	3	»	NO	1	748,98	19,0	12,4	19,8	16,1	»		
15	?	?	746,74	18,8	Cm	3	»	O	2	?	?				»		
16	747,87	13,9	748,18	17,0	Cm St	9	»	O	1	747,84	10,0	10,1	18,0	14,1	»		Brouillard.
17	749,71	12,7	749,48	15,1	Cm St	10	»	NE	1	749,05	15,7	11,1	17,4	14,4	»		Rosée très-forte.
18	747,36	14,0	747,05	14,5	»	10	P C	NE	1	748,15	14,0	12,4	18,0	15,2	»		Rosée.
19	748,06	16,0	747,96	17,4	Cm St	8	»	NE	1	747,54	15,5	10,7	19,0	14,9	»		Brouillard. Tonnerre à 3 h. 1/2 du soir.
20	747,14	15,0	747,00	17,0	»	9	S	NO	1	746,37	18,5	10,5	18,6	14,6	»		
21	748,34	13,6	748,71	16,3	Cm St	4	»	NE	1	746,77	18,0	9,6	18,7	14,2	»		Brouillard.
22	?	?	747,81	16,0	Cm St	9	»	SO	1	?	?	12,0	18,2	15,1	»		Qq gouttes à 1 h. 1/2 du soir.
23	750,80	16,0	750,14	17,0	Cm St	6	»	SO	1	748,30	17,8	12,2	15,5	13,9	3,00	O	Pluie par intervalles et vent très-fort le soir.
24	744,56	14,2	743,01	12,7	»	10	P 1 C	O	1	745,71	14,8	6,0	14,0	10,0	0,10	O	Rosée très-forte.
25	755,45	10,7	754,33	13,4	Cm	6	»	N	1	755,04	13,7				»		
26	749,65	10,3	754,66	12,6	Cm	4	»	E	2	754,72	15,1	4,8	14,2	9,4	»		Gelée blanche très-forte.
27	749,19	10,4	753,58	12,9	»	0	S	E	2	752,84	12,8	2,2	15,7	8,0	»		Id. Id.
28	755,00	7,7	752,40	12,6	Cm	4	»	N	1	754,70	15,5	8,9	16,6	12,8	»		Id. Id. Id.
29	?	?	752,57	15,0	Cm St	10	»	SO	1	?	?	12,0	15,2	13,6	»		
30	750,82	14,0	750,28	14,8	Cm St	10	»	O	1	748,93	13,9				»		

					Moyennes.								Moyennes.		Somm		
1 à 10	746,48	21,86	746,37	23,38	»	3,9				743,88	23,5	15,82	25,51	20,3	35,25		
11 à 20	747,57	16,65	747,25	18,48	»	8,1				746,76	18,74	11,61	20,43	16,03	8,20		
21 à 30	750,00	12,14	750,94	14,55	»	6,5				750,24	14,68	8,00	15,94	11,97	3,10		
1 à 30	747,93	16,87	748,18	18,73	»	5,1				747,58	18,96	11,74	20,63	16,12	46,55		Maximum du jour, constaté à 4 h. du soir. ¹ 24°,6	² 19°,8	³ 14°,8

4

DATES	10 H. DU MAT.		MIDI.						4 H. DU SOIR.		TEMPÉR. EXTRÊMES.			PLUIE en 24 h.		PHÉNOMÈNES JOURNALIERS.
	Bar. à 0°.	Temp. extér.	Bar. à 0°.	Temp. extér.	Contig. des nuages.	Nébulo-sité.	Phéno-mènes.	Vent.	Bar. à 0°.	Temp extér.	Mini-mum.	Maxi-mum.	Moyen	en millim	Vent général	
	mm	°	mm	°					mm	°	°	°	°	mm		
1	752,40	12,6	752,59	14,0	Cm St	5	»	NO	755,56	14,1	11,1	15,5	13,2	0,10	NO	Pluie fine la nuit. Qq gouttes à 9 h. du matin.
2	750,21	8,6	748,97	12,2	»	0	S	NO	746,45	14,3	5,1	14,7	8,9	»	»	Brouillard.
3	741,98	10,2	740,75	10,8	»	10	P C 3	NO	740,58	9,1	8,0	11,0	9,5	0,50	O	Pluie fine la nuit et jusqu'à 3 h. du soir.
4	741,31	6,4	742,29	8,0	Cm St	40	»	NE	742,42	8,1	3,5	9,2	6,5	1,40	O	Id. par interv. de 7h à 9h du m. et de 2h 1/2 à 3h.
5	743,64	5,5	745,05	6,5	Cm St	10	C	NO	743,41	5,1	4,1	8,2	6,2	2,20	NO	
6	?	?	746,25	8,5	Cm St	10	C 1	NO	?	?	3,6	8,7	6,2	»		
7	740,29	8,2	739,26	9,2	»	10	P 1 C	SO	736,19	10,0	8,5	10,1	7,8	8,60	SO	Pluie matin et soir.
8	752,43	7,2	739,49	9,5	Cm St	9	C	SO	752,65	7,9	5,5	10,1	7,8	16,60	O	Id. jusqu'à 8 h. du matin. Grésil à 3 h. du soir.
9	740,84	5,2	741,44	7,0	Cm St	10	C 3	O	742,02	7,0	2,6	7,1	4,9	0,20	O	Id. fine de 12 à 12 h. 1/4 du soir.
10	734,02	5,0	734,75	5,0	»	10	P 1 C	E	751,90	4,7	4,5	8,2	6,4	4,45	SE	Id. le matin et le soir jusqu'à 7 h.
11	748,58	5,8	747,15	8,2	Cm	3	»	NE	746,82	8,0	1,2	9,0	5,1	1,90	N	Gelée blanche très-forte.
12	742,26	6,4	741,30	9,0	Cm St	10	»	O	740,47	8,5	4,2	9,2	6,7	2,50	O	Pluie jusqu'à 7 h. du matin.
13	?	?	756,99	8,2	Cm St	10	C 3	SO	?	?	5,0	13,6	9,5	0,20	S	Id. très-fine le matin et continue le soir.
14	743,70	9,1	743,72	13,5	Cm	1	»	S	744,56	15,0	8,2	16,1	12,2	12,90	S	Id. jusqu'à 6 h. du matin.
15	746,57	14,8	746,55	10,1	Cm St	10	C	S	745,78	16,0	9,9	17,2	13,6	1,30	SE	Rosée très-forte.
16	747,51	14,7	746,89	15,9	Cm St	10	C	O	747,85	15,4	10,2	16,4	13,5	»		Pluie fine la nuit.
17	748,10	15,0	747,77	15,2	Cm St	8	»	SO	746,18	14,0	11,5	16,1	12,9	1,30	SO	Id. Id. Qq gouttes par interv. le soir.
18	744,08	15,6	745,88	13,9	Cm St	10	C 3	SO	742,90	15,0	10,1	12,9	11,5	2,85	S	Id. par intervalles matin et soir.
19	741,51	11,5	741,44	12,2	Cm St	10	»	O	741,30	10,1	7,1	12,7	9,9	1,80	S	Id. Id. Id.
20	?	?	743,24	11,8	Cm St	10	C	S	?	?	5,5	11,0	8,3	0,70	SO	P fine par interv. le mat. Petite averse à 4 h. du soir.
21	752,51	8,0	752,60	9,7	»	10	Bl C	SO	755,18	10,2	1,8	13,7	7,8	1,20	SO	Brouillard très-dense jusqu'à midi.
22	754,02	4,5	753,52	10,0	»	0	S	N	752,56	12,8	5,1	11,0	8,1	»		Id. Id. jusqu'à 10 h. du matin.
23	747,87	9,1	747,92	9,9	St	10	C 5	E	746,49	10,2	7,0	12,6	9,8	»		Id. et brume le matin.
24	750,34	8,0	743,25	9,2	Cm St	10	C 5	SE	745,66	9,2	8,9	14,0	11,5	»		Id. Id. Id.
25	751,33	10,5	751,45	12,6	Cm St	5	»	SE	751,51	12,5				»		Id.
26	755,22	8,9	752,52	9,9	Cm St	10	C	SE	751,05	9,2	7,1	10,8	9,0	»		Rosée.
27	?	?	741,69	12,0	Cm	1	»	SE	?	?	6,5	13,0	10,8	»		Brouillard. Pluie le soir à partir de 6 h.
28	750,41	12,1	744,91	8,7	Cm	5	»	O	745,40	8,0	5,1	9,7	5,8	4,70	O	Gelée blanche très-forte.
29	750,92	6,0	749,81	8,4	Cm St	10	»	O	748,74	8,7	8,0	12,2	10,1	0,15	SO	Rosée.
30	748,53	9,3	749,17	9,7	Cm St	10	»	SO	745,84	9,8	7,3	13,7	10,1	»		Id.
31	749,27	10,0	749,48	12,2	Cm St	10	»	O	748,73	11,5				»		
			Moyennes.											Somm		
1 à 10	741,88	7,56	742,31	9,18				8,4	744,00	7,81	5,15	10,26	7,71	34,13		
11 à 20	745,20	11,11	745,88	12,41				8,2	744,45	12,50	7,37	15,77	10,07	25,25		Maximum du jour constaté à 4 h. du soir.
21 à 31	749,72	8,64	748,60	10,29				7,1	748,09	10,27	5,92	14,95	8,94	6,05		
1 à 31	745,95	9,04	745,06	10,63				7,9	744,85	10,46	6,17	11,99	9,08	65,43		¹ 6°,7 │ ² 15°,8 │ ³ 10°,0 │ ⁴ 9°,5 │ ⁵ 10°,2

DATES	10 H. DU MAT. Bar. à 0°	Temp. extér.	MIDI. Bar. à 0°	Temp. extér.	Config. des nuages.	Nébulosité	Phénomènes	Vent.	4 H. DU SOIR Bar. à 0°	Temp. extér.	TEMPÉR. EXTRÊMES Minimum.	Maximum.	Moyen	PLUIE en 24 h. en millim.	Vent pluvieux	PHÉNOMÈNES JOURNALIERS.
	mm	°	mm	°					mm	°	°	°	°	mm		
1	?	?	746,27	11,2	»	0	»	SO	2 ?	?	5,0	15,0	9,0	»	NO	Gelée blanche.
2	750,58	6,7	751,20	8,5	Cm St	8	»	NO	1 752,50	8,1	5,9	9,2	7,6	0,30	»	Pluie la nuit vers 3 h. du matin.
3	?	?	758,13	6,5	Cm	»	»	NO	1 ?	?	0,5	7,2	3,9	»	»	Gelée blanche.
4	755,52	4,7	751,54	6,2	Cm St	10	»	O	2 750,81	6,0	-0,5	8,1	3,7	»	»	G bl. P floc par interv. le soir à partir de 1 h. 1/2.
5	750,05	7,1	740,47	7,7	Cm St	10	»	N	1 749,50	5,9	4,4	12,8	8,6	0,25	SO	Pluie fine la nuit.
6	755,27	4,0	755,44	6,1	Cm St	10	»	N	1 754,60	4,2	2,4	6,7	4,6	»		Gelée blanche.
7	758,07	-0,2	758,71	0,8	»	0	S	N	1 758,57	3,9	-2,7	4,8	1,1	»		Id.
8	759,86	4,6	759,47	5,0	Cm St	6	»	SO	1 758,48	4,8	3,0	6,7	2,1	»		Id. très-forte. Brouillard très-dense.
9	758,05	8,1	758,86	8,7	Cm St	10	»	N	1 757,45	8,9	5,0	9,0	6,0	»		Id. et brouillard.
10	?	?	755,89	10,1	Cm	»	»	NE	1 ?	?	6,9	10,2	8,6	»		
11	751,72	7,0	751,03	9,8	Cm St	8	»	NE	2 749,76	9,4	2,1	10,0	6,1	»		Id. très-forte et brouillard.
12	748,74	6,5	748,00	9,1	Cm	1	»	NE	1 747,75	7,9	5,1	9,2	6,4	»		Id. et brouillard.
13	746,34	2,1	745,84	3,7	Cm St	10 C	»	NE	1 745,12	5,4	0,4	4,6	2,5	»		Brouillard très-dense jusqu'à midi.
14	744,32	3,9	743,80	5,2	Cm St	10	»	NE	1 742,21	8,0	2,0	10,0	6,0	»		Bl très-dense jusqu'à 11h du m. P, de 1h à 2h du s.
15	741,31	8,1	741,57	10,0	Cm St	10	»	NE	1 739,96	11,2	5,2	12,0	8,6	»		
16	751,99	9,6	755,14	11,7	Cm St	5	»	S	1 755,28	11,1	7,6	12,8	10,2	2,70	N	Bl et braine le matin. Pluie le soir à partir de 8 h.
17	?	?	756,20	8,5	Cm St	10	»	NE	1 ?	?	8,0	12,7	10,4	2,70	N	Pluie par interv. le matin et continue le soir.
18	747,61	2,8	748,09	5,5	Cm	4	»	N	1 748,86	3,6	2,5	6,6	4,6	10,00	NE	Brouillard.
19	751,76	4,0	751,09	6,6	Cm St	4	»	O	1 749,95	6,2	1,1	7,5	4,3	»		Qq gouttes à 7 h. du m. Qq flocons de neige à 1 h. du s.
20	749,94	5,8	750,08	4,1	Cm St	10	»	NE	1 749,64	2,9	6,9	10,2	4,1	0,10	SE	
21	750,61	4,0	751,20	4,8	Cm	4	»	NE	1 751,44	2,9	1,0	5,0	3,5	»		Qq gouttes à 7 h. du matin.
22	755,55	0,8	755,49	1,8	Cm St	10 C	»	N	1 755,15	4,5	-1,9	5,8	1,9	»		Neige à partir de 7 h. du soir.
23	751,01	5,0	751,95	5,8	Cm St	10 C	»	N	1 752,57	3,3	0,5	6,0	3,3	0,45	S	
24	?	?	759,10	-0,5	Cm	»	»	S	1 ?	?	-4,6	-0,5	2,0	»		Gelée blanche.
25	758,25	-1,2	757,76	-0,3	Cm St	10 C i	»	S	1 756,03	0,0	-5,0	1,5	1,8	»		Id. neige et grésil à 8 h. du matin.
26	755,92	1,0	755,13	1,5	Cm St	10 C	»	O	1 754,15	4,2	-3,0	1,8	0,6	»		Brouillard jusqu'à 10 h. du matin.
27	747,90	4,7	748,43	1,9	Cm St	10 C 3	»	S	1 749,68	2,0	0,8	3,6	2,2	1,40	SO	Pluie et neige jusqu'à 9 h. du matin.
28	755,74	2,0	755,48	3,7	Cm St	10	»	NE	1 755,05	2,1	0,5	3,9	2,2	»		Brouillard très-dense.
29	755,73	1,8	755,81	1,5	Cm St	10	»	S	1 755,50	1,7	-0,3	4,1	1,2	»		
30	752,97	2,1	751,07	-1,2	Cm St	10 C 3	»	S	1 749,54	-1,2	-5,0	-0,3	1,2	»		Brouillard. Gelée blanche et givre.
			Moyennes.								Moyennes.			Somm		
1 à 10	754,83	4,14	754,27	6,86		6,1				754,47	5,93	2,30	8,77	5,49	0,75	
11 à 20	746,35	5,31	745,15	7,22		6,9				745,14	7,29	3,94	9,05	6,30	12,80	
21 à 30	753,30	1,44	754,03	1,90		8,7				752,63	1,47	-1,58	2,89	0,70	1,85	
1 à 30	751,49	3,60	751,16	5,35		7,1				750,46	4,82	1,45	6,90	4,18	15,40	

Maximum du jour,
constaté à 4 h. du soir.

1 8°,0 | 2 4°,0 | 3 2°,1 | 4 0°,0

DATES	10 H. DU MAT.		MIDI						4 H. DU SOIR		TEMPÉR. EXTRÊMES			PLUIE en 24 h.		PHÉNOMÈNES JOURNALIERS
	Bar. à 0°	Temp. extér.	Bar. à 0°	Temp. extér.	Config. des nuages	Nébulosité	Phéno- mènes	Vent	Bar. à 0°	Temp. extér.	Mini- mum	Maxi- mum	Moyen	en millim	Vent domin.	
1	?	?	737,25	6,8	»	10	C P	NO 4	?	?	-0,5	10,0	4,8	7,90	SO	Pluie continue matin et soir. Tempête à 8 h. du soir.
2	729,81	-1,0	751,72	-0,2	»	10	N C	O 2	734,46	-0,8	-2,0	1,8	-0,1	10,50	SO	Neige à partir de 9 h. du matin et vent très-fort.
3	738,58	0,9	740,13	1,5	Cm St	10	»	O 2	742,50	0,5	-3,6	2,0	-0,8	1,72	SO	Neige par interv. matin et soir.
4	750,60	-2,5	750,43	-2,0	Cm St	10	C	4 N 1	780,18	-2,9	0,0	-1,5	-3,8	0,36	NO	
5	743,07	-3,0	745,04	-3,0	Cm St	10	C	4 O 1	744,90	-3,5	-5,0	-6,5	-2,7	»		
6	750,31	-1,5	739,79	-0,7	»	10	N 1 C	S 4	735,67	-1,3	-3,4	0,0	-2,7	0,90	SO	Neige le matin et le soir.
7	739,79	-0,1	739,85	-1,4	Cm St	10	C	4 N 1	741,22	0,1	-3,0	1,4	-0,8	3,42	NO	Id. de 4 h. à 9 h. 1/2 du matin.
8	?	?	741,66	-2,5	Cm St	7	»	N 1	?	?	-3,1	1,3	-0,8	»		Un peu de neige par interv. le matin.
9	745,59	-6,1	740,18	-5,0	Cm	2	»	N E	747,32	-6,0	-7,2	-2,8	-5,0	»		
10	748,55	-5,0	747,74	-6,0	Cm	10	C	S 4	747,50	-5,0	-12,0	-0,5	-6,2	»		Un peu de neige le soir à partir de 6 h.
11	743,44	-1,2	744,19	-0,3	Cm St	10	C	5 SO 4	744,04	1,2	-0,1	4,0	-1,1	»		Pluie très-fine le soir à partir de 6 h.
12	740,78	5,2	747,00	4,0	St	10	C	5 NO 1	747,16	5,8	0,0	5,2	2,6	»		Id. Id. le matin jusqu'à 9 h. 1/2.
13	748,15	2,8	746,03	3,8	Cm St	10	»	NO 1	746,56	4,1	1,4	5,0	3,2	0,10	NO	Petite averse à 10h 1/4 du mat. P par interv. le soir.
14	750,21	2,9	750,10	3,0	Cm St	10	»	SO 1	747,76	5,5	1,1	3,8	2,5	0,50	SO	Pluie fine par interv. à partir de 10 h. 1/4 du matin.
15	?	?	738,51	9,0	»	10	P C	N 5	?	?	5,0	9,5	6,2	10,41	O	Tp la nuit. P continue matin et soir et vent très-fort.
16	743,43	8,9	742,20	9,1	»	10	P 4 C	SO 2	741,83	8,4	6,2	9,0	7,6	10,90	NO	Pluie par interv. le matin.
17	742,66	7,0	741,07	7,1	Cm St	10	»	NO	741,76	6,0	0,0	8,4	7,5	»		Qq gouttes à 4 h. du soir.
18	734,48	4,8	753,82	5,0	»	10	P 1 C3	S 1	752,07	4,9	4,0	5,0	4,5	0,40	SO	P due par interv. le matin et presque continue le soir.
19	742,30	2,1	758,57	5,0	Cm St	10	»	O 1	738,42	2,0	0,8	5,9	2,4	2,55	SO	
20	741,67	1,5	749,79	2,2	Cm St	5	»	N 1	744,99	1,2	0,8	2,7	1,8	»		Qq flocons de neige à 9 h. 1/4 du matin.
21	748,87	-1,5	748,63	-1,2	Cr Cm	5	»	E 1	747,95	0,6	-2,9	0,2	-1,4	»		Gelée blanche.
22	?	?	744,62	-0,1	Cm St	10	»	S 1	?	?	-2,2	2,0	-0,1	»		
23	759,42	0,8	752,75	2,2	Cm St	10	C	N 1	752,23	1,2	-0,0	2,5	0,8	»		Gelée blanche très-forte et verglas.
24	752,87	-4,0	752,59	1,5	»	0	S	N 1	752,19	1,2	-4,8	2,5	-1,2	»		G bl. Bl. et givre.
25	?	?	752,90	0,6	»	0	S	N	?	?	-4,9	2,5	-1,2	»		Gelée blanche très-forte.
26	750,26	-4,0	749,92	-2,7	St	10	»	N 1	749,43	-1,3	-5,0	-0,5	-2,9	»		Id. Id. et brouillard.
27	751,49	-5,4	752,08	-5,6	»	0	S	N 1	751,44	0,8	-5,6	4,0	-2,5	»		
28	750,60	-0,7	750,22	0,5	Cr	1	»	N 1	748,05	1,5	-5,0	2,0	-0,5	»		
29	?	?	744,51	1,5	»	10	N C 3	S 1	?	?	-4,8	1,6	-1,7	»		N de 9h à 10h du m. Grs et verglas de 1h à 3h du s.
30	747,82	-2,3	746,17	-3,4	Cm	0	»	NE 2	747,54	-4,5	-4,8	-2,0	-3,4	2,80	SE	Neige par interv. le matin et un peu le soir vers 4 h.
31	746,95	-5,8	746,57	-6,3	»	0	S	NE 1	745,55	-6,8	9,0	-6,1	-7,6	0,04	NE	Id. de 8 h. à 9 h. 1/2 du matin.
Moyennes																
1 à 10	741,84	-2,78	741,38	1,04		8,0			742,95	-2,50	-4,78	4,18	-1,80	25,80		Maximum du jour constaté à 4 h. du soir.
11 à 20	743,85	5,96	742,54	4,65		9,5			745,73	4,59	1,81	3,60	3,71	24,56		1 10,1 2 9,0 3 4,5 4 10,2 6 10,6
21 à 31	748,99	-2,76	749,21	0,56		4,5			740,31	-0,88	-4,50	0,40	1,94	2,84		7 10,3
1 à 31	745, 5	-0,80	744,60	0,97		7,5			744,80	0,34	-2,51	2,01	-0,24	51,20	Somm	

Résumé des Observations météorologiques faites à Metz en 1867. — **Pressions atmosphériques.**

MOIS	MOYENNES DES PRESSIONS 10 hour.	midi	4 heures	Différence des moy. de 10 h. et de 4 h.	Plus gr. différences de 10 h. à midi en montant	DATES	en descend.	DATES	Plus gr. différences de midi à 4 h. en montant	DATES	en descend.	DATES	Plus grandes différences entre deux midi en montant	DATES	en descend.	DATES	PRESSIONS EXTRÊMES minima absolus	DATES	maxima absolus	DATES	Différences des pressions extrêmes
	mm	mm	mm	mm	mm		mm		mm		mm		mm		mm		mm		mm		mm
Janvier	759,38	758,81	759,07	0,51	2,42	29	1,83	28	2,62	10	2,21	2	12,88	25-26	9,04	3-6	724,49	2	781,14	51	26,62
Février	749,65	749,68	749,08	0,57	2,16	17	2,54	17	5,93	11	5,20	3	11,88	6-7	15,68	3-6	722,00	6	760,39	21	57,99
Mars	759,42	759,35	758,28	0,84	0,81	21	5,83	31	1,56	21	2,68	23	9,47	20-21	14,62	17-18	730,04	19	759,24	2	29,20
Avril	745,21	742,81	742,55	0,88	5,59	11	1,92	4	4,52	11	6,51	10	13,49	11-12	9,10	10-11	731,50	20	755,90	4	24,40
Mai	745,46	745,03	742,96	0,60	0,90	22	0,74	22	4,10	22	1,44	20	6,26	16-17	6,79	23-26	752,87	12	749,17	5	16,30
Juin	746,70	746,42	743,84	0,86	0,74	26	4,06	12	1,17	12	1,89	19	9,01	23-26	7,05	29-50	740,11	5	754,36	29	14,25
Juillet	743,60	744,80	745,90	1,70	0,27	5	4,23	20	1,54	20	2,79	13	7,08	26-27	8,45	11-12	757,05	13	731,48	9	15,55
Août	746,45	745,81	743,07	1,06	0,45	15	1,55	12	1,18	27	1,95	1	7,06	27-28	6,63	14-15	758,97	2	732,63	29	15,68
Septem	747,95	748,18	747,58	0,53	3,00	26	4,08	24	0,99	10	4,94	25	9,29	24-25	8,10	25-24	742,23	4	784,72	26	12,47
Octobre	743,93	748,06	744,98	0,97	1,80	28	8,11	28	2,19	28	5,07	7	12,85	10-11	10,85	26-27	751,90	10	784,62	22	22,72
Novem	751,49	751,16	750,46	1,05	0,94	25	1,92	25	1,23	7	2,63	50	11,89	17-18	0,89	5-4	733,28	16	759,86	8	26,58
Décem	743,15	744,60	744,89	0,24	1,91	19	3,83	19	2,74	2	2,24	14	10,52	3-4	12,79	14-15	729,81	2	782,87	24	23,06
Moy.	745,32	744,93	744,54	0,78 Ext.	3,00 : 26 sep.		3,11 : 24 oct.		5,93 : 11 fév.		6,51 : 10 avril		15,49 11-12 avril		13,68 3-6 fév.		732,98		784,74		24,75
ANNÉE. Moy. de 10h et de 4h : 744,95																	722,60 : 6 fév.		760,89 : 21 fév.		57,99

Résumé des Observations météorologiques faites à Metz en 1867. — Températures de l'air.

MOIS.	MOYENNES DES TEMPÉR.			TEMPÉR. JOURNAL. EXTRÊMES. MOYENNES DES				Plus grandes différences en 24 heures				TEMPÉRATURES MINIMA				TEMPÉRATURES MAXIMA				Différences des tempér. extrêmes
	10 h.	midi.	4 heur.	minima.	maxima.	différences	moy.	des minima.	DATES.	des maxima.	DATES.	les plus hautes.	DATES.	les plus basses.	DATES.	les plus hautes.	DATES.	les plus basses.	DATES.	
Janvier	4,00	1,51	2,92	-1,44	3,51	4,75	0,94	6,8	7-8	6,7	5-6	7,7	28	-12,9	19	10,9	8	-4,7	19	23,8
Février	6,28	7,96	7,88	4,15	9,58	5,43	6,87	7,4	8-9	4,5	2-5	9,2	18	-2,6	4	14,0	17	4,1	28	16,6
Mars..	4,88	6,27	6,22	1,85	8,56	6,71	5,22	5,8	22-25	6,0	12-15 18-19	9,4	28	-4,5	15	13,0	25	-0,9	1	19,5
Avril..	10,87	12,80	12,42	7,02	14,76	7,74	10,89	5,6	15-14	5,4	17-18	12,0	20	0,7	4	21,5	20	9,7	14	20,6
Mai...	13,47	17,89	17,28	9,19	20,05	10,86	14,62	7,0	25-26	8,7	21-22	16,6	31	1,8	25-29	27,9	30	10,2	22	26,1
Juin...	18,93	20,93	20,72	12,33	22,76	10,41	17,56	6,6	24-25	6,1	3-4-5 12-13	18,7	3	7,8	12-13	28,4	2	14,7	16	20,6
Juillet.	18,73	20,43	20,55	12,78	22,19	9,41	17,49	4,5	15-14	6,2	15-16	17,8	22-25	7,5	10	27,8	22	17,3	8	20,3
Août..	20,70	22,54	22,95	13,79	24,58	10,59	19,09	5,6	21-22	5,1	15-16	19,5	21	8,1	4	29,7	14	20,0	7	21,6
Septem	16,87	18,75	18,93	11,71	20,63	8,92	16,12	6,8	28-29	6,0	13-14	18,2	4	2,1	28	29,2	3	13,7	27	27,1
Octob.	9,04	10,62	10,46	6,17	14,99	8,82	9,08	8,0	1-2	6,2	27-28	14,5	18	1,2	11	17,2	13	7,4	9	16,0
Novem.	3,60	5,53	4,82	1,45	6,90	5,45	4,18	5,7	2-5	8,7	17-18	8,7	17	-5,0	25	15,0	1	-0,5	30	18,0
Décem.	-0,89	0,97	0,54	-2,81	2,04	4,85	-0,24	6,1	11-12	8,2	1-2	6,9	17	-12,0	10	10,0	1	-6,1	31	22,0
ANNÉE. Moy.	10,46	12,08	12,14	6,58	15,03	7,55	10,16					12,94		-0,68		20,57		7,05		24,02
Extrêmes.								8,0	1-2 oct.	8,7	21-22 mai, 17-18 nov.	19,5	21 août.	-12,9	19 janv.	29,7	14 août.	-6,1	31 déc.	27,1

Résumé des Observations météorologiques faites à Metz en 1867. — Vents et Hydro-météores.

MOIS.	\multicolumn{9}{Nombres de jours où, à midi, le vent a été} N	NE	E	SE	S	SO	O	NO	Nul	pluie	grêle	neige	gelée	gelée bl.	ton. or.	brouillard	à 10 heur.	à midi	à 4 heures	moyennes	NE (mm)	SE (mm)	SO (mm)	NO (mm)	TOTALES (mm)	Maxima en 24 heures (mm)	DATES
Janvier	2	9	9	9	5	10	7	5	»	18	»	9	8	2	»	4	9	9	8	9	»	53,6	31,1	5,8	88,5	16,7	7
Février	2	4	4	2	5	6	10	2	»	20	»	1	18	4	»	5	8	8	8	8	»	3,6	56,7	24,6	64,9	15,0	9
Mars	10	4	4	1	6	2	13	2	»	26	2	7	2	2	»	2	8	8	8	8	13,5	9,8	22,4	50,5	76,4	12,3	7
Avril	2	1	4	2	9	6	4	3	»	15	1	4	4	2	4	1	7	7	7	7	»	8,2	57,7	55,9	81,8	14,6	9
Mai	6	7	4	1	6	7	4	1	»	10	»	»	»	3	3	1	6	6	4	5	4,1	0,6	6,4	44,2	22,5	8,9	14
Juin	4	7	2	»	5	4	4	3	»	20	4	»	»	»	4	»	5	5	6	6	1,3	»	4,0	29,3	54,7	13,2	14
Juillet	3	6	9	4	5	6	12	2	»	7	»	»	»	»	6	2	7	7	7	7	»	13,7	80,4	11,9	106,0	14,4	19
Août	8	4	5	4	5	5	5	4	»	6	1	»	»	»	3	1	5	5	5	5	»	2,1	7,6	5,1	14,8	4,2	21
Septemb	10	2	2	4	2	8	8	5	»	20	»	»	»	2	5	3	5	5	5	5	»	»	22,9	25,6	46,5	29,6	40
Octobre	»	»	»	»	2	2	7	2	»	7	»	2	»	2	»	7	8	8	8	8	1,0	14,6	33,7	16,2	65,3	16,6	8
Novemb	8	10	»	4	5	9	5	4	»	14	»	4	8	11	»	10	8	8	8	8	11,4	0,3	1,9	4,9	45,4	10,0	48
Décemb	10	»	»	»	5	2	3	4	»	»	»	10	22	6	»	2	8	8	7	8	»	2,8	28,4	20,0	51,2	10,9	16
ANNÉE	66	41	31	14	42	64	80	57	»	184	4	31	61	33	18	32	7,5	6,9	6,6	6,9	28,5	89,3	333,2	214,4	665,1	29,6	10 S.

Nombres prop. pour 1000 vents.   133 | 112,83 | 59 | 44 | 42 | 64,175 | 219,102 | ...

Pluies sur le toit.   28,1 | 79,4 | 269,5 | 143,4 | 510,4

> Max. en 24 h. 29,6 { 10 S.

Moy. pr l'année : 6,9

Maxima : Nov. — Juil. — Nov. — Déc. — Déc. — Déc. — Mars — Avril

Tableau synoptique des observations météorologiques faites à Metz en 1867.

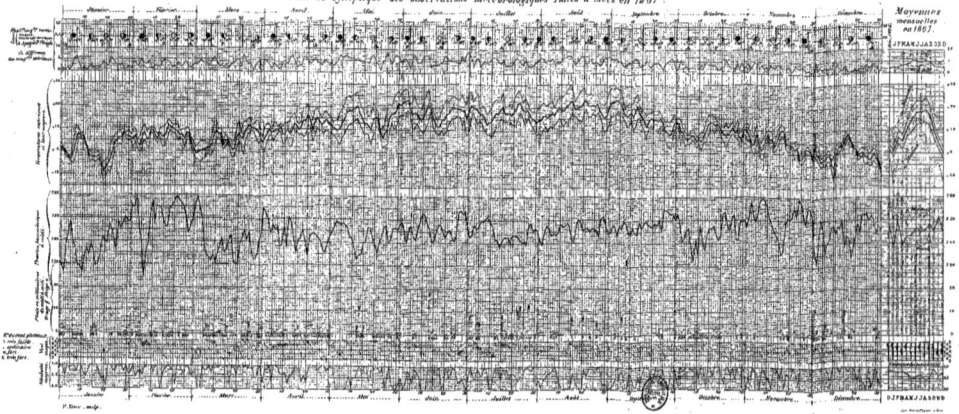

Moyennes
mensuelles
en 1867.

www.ingramcontent.com/pod-product-compliance
Lightning Source LLC
Chambersburg PA
CBHW070157200326
41520CB00018B/5439